Орудж Ахмедов
Мамед Гусейналиев

Исследование тонких пленок PbS по эллипсометрическим
методом

Орудж Ахмедов
Мамед Гусейналиев

Исследование тонких пленок PbS по эллипсометрическим методом

LAP LAMBERT Academic Publishing

Impressum / Выходные данные

Bibliografische Information der Deutschen Nationalbibliothek: Die Deutsche Nationalbibliothek verzeichnet diese Publikation in der Deutschen Nationalbibliografie; detaillierte bibliografische Daten sind im Internet über http://dnb.d-nb.de abrufbar.

Alle in diesem Buch genannten Marken und Produktnamen unterliegen warenzeichen-, marken- oder patentrechtlichem Schutz bzw. sind Warenzeichen oder eingetragene Warenzeichen der jeweiligen Inhaber. Die Wiedergabe von Marken, Produktnamen, Gebrauchsnamen, Handelsnamen, Warenbezeichnungen u.s.w. in diesem Werk berechtigt auch ohne besondere Kennzeichnung nicht zu der Annahme, dass solche Namen im Sinne der Warenzeichen- und Markenschutzgesetzgebung als frei zu betrachten wären und daher von jedermann benutzt werden dürften.

Библиографическая информация, изданная Немецкой Национальной Библиотекой. Немецкая Национальная Библиотека включает данную публикацию в Немецкий Книжный Каталог; с подробными библиографическими данными можно ознакомиться в Интернете по адресу http://dnb.d-nb.de.

Любые названия марок и брендов, упомянутые в этой книге, принадлежат торговой марке, бренду или запатентованы и являются брендами соответствующих правообладателей. Использование названий брендов, названий товаров, торговых марок, описаний товаров, общих имён, и т.д. даже без точного упоминания в этой работе не является основанием того, что данные названия можно считать незарегистрированными под каким-либо брендом и не защищены законом о брендах и их можно использовать всем без ограничений.

Coverbild / Изображение на обложке предоставлено: www.ingimage.com

Verlag / Издатель:
LAP LAMBERT Academic Publishing
ist ein Imprint der / является торговой маркой
OmniScriptum GmbH & Co. KG
Heinrich-Böcking-Str. 6-8, 66121 Saarbrücken, Deutschland / Германия
Email / электронная почта: info@lap-publishing.com

Herstellung: siehe letzte Seite /
Напечатано: см. последнюю страницу
ISBN: 978-3-659-60939-8

Copyright / АВТОРСКОЕ ПРАВО © 2014 OmniScriptum GmbH & Co. KG
Alle Rechte vorbehalten. / Все права защищены. Saarbrücken 2014

АХМЕДОВ ОРУДЖ РАГИМ ОГЛЫ

ГУСЕЙНАЛИЕВ МАМЕД ГУСЕЙНАЛИ ОГЛЫ

ИССЛЕДОВАНИЕ ТОНКИХ ПЛЕНОК PbS ПО ЭЛЛИПСОМЕТРИЧЕСКИМ МЕТОДОМ

(*СБОРНИК СТАТЬЕЙ*)

МОСКВА – 2014

Главный консультант: член корреспондент НАНА, доктор физических наук, профессор, **Мамедов Назим Тимурович**

Научный редактор: член корреспондент НАНА, доктор химических наук, **Аббасов Аладдин Даян оглы**

Рецензенты: доктор физических наук **Абдуллаев Надир Мамед оглы**, доктор химических наук **Алиев Имир Илхам оглы**

Ахмедов Орудж Рагим оглы, Гусейналиев Мамед Гусейнали оглы: Получение монокристаллов и тонких пленок полупроводниковых соединений PbS, исследование рентгноструктурных и оптических свойств по эллипсометрическим методом (сборник статьей). Москва: 2014, 47 с.

В книге собраны статьи последних лет о получение монокристаллов и тонких пленок полупроводниковых соединений PbS, исследование рентгноструктурных и оптических свойств по эллипсометрическим методам. Книга предназначена для студентов и аспирантов, преподавателей, научных работников, а также для широкого круга читателей.

ОГЛАВЛЕНИЕ

3

ВВЕДЕНИЕ

Инфракрасная техника в последние годы стала мощным инструментом научных исследований и получила широкое распространение во многих практических приложениях. Своим прогрессом она обязана появлению новых материалов, чувствительных в ИК-области спектра, и технологий их изготовления. В первую очередь это относится к технологиям получения тонкопленочных полупроводниковых структур. Приборы инфракрасной техники, использующие эти материалы в качестве активных элементов, служат для регистрации и преобразования излучения ИК-диапазона в аналоговые или цифровые сигналы, легко поддающиеся компьютерной обработке. Реализованная в подобных устройствах обратная связь превращает их в удобные элементы управления различными техническими системами и механизмами.

Одно из достойных мест в ряду узкозонных полупроводников, используемых для создания на их основе тонкопленочных детекторов, занимает сульфид свинца. Детекторы на их основе работают в спектральном интервале 0.6-3 мкм и интервале температур 77-350 К. В список наиболее распространенных областей применения ИК-фотоприемников на основе халькогенидов свинца (PbS, PbSe, PbTe. и т.д.) входят звездные, спектрографические датчики, медицинские, исследовательские инструменты, сортирующие, счетные, контролирующие приборы, регистраторы пламени, системы определения положения тепловых источников.

Несмотря на появление в последние годы большого разнообразия фотоэлектрических приемников (ФП) из других полупроводниковых материалов, пленочные ФП из халькогенидов свинца не теряют своей актуальности благодаря высокому уровню фотоэлектрических параметров в спектральных диапазонах 1—3 и 3—5 мкм, отсутствию необходимости глубокого охлаждения и сравнительно низкой стоимости.

В литературе имеется многочисленные исследовании о рентгеноструктурных, оптических и электрофизических характеристик сульфида свинца. Сульфид свинца кристаллизуется в кубической решетке B_1 (NaCl) с пространственной группой $Fm\bar{3}m$ Тип химической связи между ионами в решетке сульфида свинца представляет собой комбинацию ковалентного и ионного взаимодействия с небольшой долей металлической связи. Металлизация связи, проявляющаяся в уменьшении ширины запрещенной зоны по сравнению с типичными веществами с ковалентно-ионной связью, способствует стабилизации кубической структуры NaCl. Точные сведения о величине ионной составляющей в сульфиде свинца отсутствуют. По приближенной оценке, основанной на величинах электроотрицательностей свинца и серы, вклад ионной составляющей равен ~20%. Преобладание ковалентной связи подтверждается результатами исследований механизма рассеяния носителей в PbS, которое осуществляется главным образом на акустических, а не оптических фононах. Исследование фазовых диаграмм системы Pb—S показало, что сульфид свинца, имеющий максимальную температуру плавления, по составу не совпадает со стехиометрическим PbS, а соответствует содержанию 49,97 ат. % S, т. е. имеет место некоторый дефицит по сере (или обогащение по свинцу). Из-за избытка атомов Pb нелегированный сульфид свинца имеет n–тип проводимости. Ширина запрещенной зоны при 300 K колеблется от 0,37 до 0,41 эВ, имея аномальную температурную зависимость по сравнению с большинством полупроводниковых материалов, у которых она с понижением температуры увеличивается; температурный коэффициент ширины запрещенной зоны PbS равен $-4.0.10^{-4}$ эВ.К$^{-1}$. PbS также как узкозонный полупроводник имеющий ширину запрещенной зоны Eg=0,41 эВ большим значением статической диэлектрической проницаемости и высокой подвижностью электронов и дырок нашел широкое применение как фоточувствительный материал (фоторезисторы, фотодиоды), а также как термоэлектрический материал с большим значением величины отрицательного коэффициента термо.эдс α = - 160 мкВ/К [3,4]. В последние годы интерес к этим материалам возрос в связи с возможностью значительного увеличения термоэлектрической добротности в тонкопленочных структурах на основе халькогенидов свинца. Сульфид свинца имеющий в большинстве случаев сверхстехиометрический свинец имеет n-тип проводимости.

Исследования показали, что фотопроводимость тонких слоев PbS описывается обычно в рамках барьерных и концентрационных моделей. В барьерных моделях, учитывающих неоднородность потенциального рельефа, предполагается, что накопление фотоносителей происходит на барьерных емкостях, которые после прекращения действия подсветки разряжаются, тем самым восстанавливая исходные высоты барьеров на межзеренных границ (МЗГ).

Электрофизические свойства халькогенидов свинца сильно зависят от степени отклонения от стехиометрии: при избытке атомов свинца кристаллы имеют n-тип проводимости, при избытке халькогена — p-тип проводимости. Для объяснения фотоэлектрических свойств поликристаллических слоев сульфида свинца, полученных методом химического осаждения из раствора некоторые авторы предположили, что в случае высокой концентрации дефектов в материале форма края зоны проводимости модулируется электростатическими полями самих дефектов, образуя неоднородный потенциальный рельеф дна этой зоны. Процессы токопереноса в этом случае определяются распределением и масштабом неоднородностей потенциального рельефа дна зоны проводимости. Ими был определен масштаб неоднородности потенциального рельефа в пленках PbS. Исследований на спектре поглощения показывали, что поглощение света приходится в диапазоне несколько микрометров, что соответствует литературным данным и практически подтверждает теоретические характеристики тонких пленок сульфида свинца.

Целью данной работы является получения полупроводниковых соединений и тонких пленок сульфида свинца, исследование рентгеноструктурных и оптических свойств по эллипсометрическим методом. Оптические, в частности, эллипсометрические методы исследования тонкопленочных объектов являются наиболее информативными, т.к. именно они определяют основные (оптические) характеристики пленок. Задачи изготовления многослойных интерференционных диэлектрических покрытий лазерных зеркал с максимальным коэффициентом отражения, а также конструирования узкополосных оптических фильтров и просветляющих покрытий оптических деталей в заданном спектральном диапазоне требуют точного определения параметров тонких пленок, в частности, показателей преломления материала пленок и его дисперсионной зависимости – $n(\lambda)$, геометрической толщины пленок – d, а часто и коэффициента поглощения в зависимости от длины волны – $k(\lambda)$. Более того, параметры $n(\lambda)$ и $k(\lambda)$ можно рассматривать в качестве характеристики химического состава материала пленки и степени его однородности. При анализе градиентных профилей пленок по этим параметрам можно характеризовать степень однородности исследуемых покрытий.

Для тонких пленок толщиной порядка от 10 нм до единиц микронов эллипсометрия позволяет одновременно определять толщину и показатель преломления (в общем случае комплексный), а также наличие неоднородности показателя преломления по толщине вдоль направления нормали к поверхности. В данной работе приводятся и обсуждаются результаты измерения по эллипсометрическим методам тонких пленок PbS полученных путем химического осаждения.

ОПТИЧЕСКИЕ СВОЙСТВА ТОНКОЙ ПЛЕНКИ   PbS ПОЛУЧЕННОЙ МЕТОДОМ ХИМИЧЕСКОГО ОСАЖДЕНИЯ

Минеральные ресурсы Нахчыванской Автономной Республики разнообразно и достаточно перспективны. В этот ряд относится минералы который содержит такие элементы как Au, Cu, Zn, Mo, Sb, Sn, Pb, S и т. д.

Минерально - сырьевая база Автономной Республики (АР) включает в себя 41 разных промышленных ресурсов полезных ископаемых. В регионе особое место занимает Гюмушлунский – галенит; Несирвазский – свинец, молибден; Гёмур, Сальвартынский – сера; Агдеренский – полуметаллические месторождения. Существование природных месторождений минералов которые являются основным сырьем полупроводникового материала сульфида свинца PbS (Pb-свинец и S-сера) в АР, доказывает эффективность проведения научно-исследовательских работ в этой области. Основное направление наших исследований – разделение Pb - свинца и S - серы из минералов и получения   на их основе   тонких пленок PbS, исследование и определение возможности применения полученных пленок. Для этой цели первоначально нами были получены тонкие пленки PbS, проведены их рентгено -дифрактометрические анализы, исследованы оптические свойства.

Сульфид свинца (PbS) широко применяется в инфракрасной технике [1,2 с. 101; 29], в микро- и оптоэлектронике, нанотехнологие [3, с. 92], в фотометрических переключателях [4, с. 81], в солнечных элементах [5, c. 319] и т. д. В отличие от всех других полупроводниковах температурный коэффициент запрещенной зоны в PbS положительно [6, c. 91]. Кроме того, при получении тонких пленок PbS в условиях одновременного осаждения с CdS, в зависимости от сочетании сопроцента состава PbS могут быть получены совершенно новыми свойствами полупроводниковые материалы [7-8, c. 91; 72].

Для получения тонких пленок PbS методом химического осаждения использованный раствор был изготовлен из следующих реагентов взятых одиноких количеств (по объемному размеру): ацетат свинца Pb $(CH_3 COO)_2$ - 0,07 M; гидроксида натрия (NaOH) -0,3 M; триэтаноламин N $(CH_2CH_2OH)_3$ -0,06 M; тиомочевина $(NH_2)_2CS$ - 0,17 M.

Процесс химического осаждения, проведено внутри 60 миллилитровом лабораторном стакане при 40^0 C. В раствор заранее помещали в вертикальном положении стеклянную подложку, и в течение всего процесса раствор смешали магнитной мешалкой. Через 20 минут стекло удаляется из раствора, промывают дистиллированной водой и сушат. После этого процесса на стеклянной подложке была получена хорошо осажденный на стекло, однородный, темно-коричневого цвета тонкая пленка PbS.

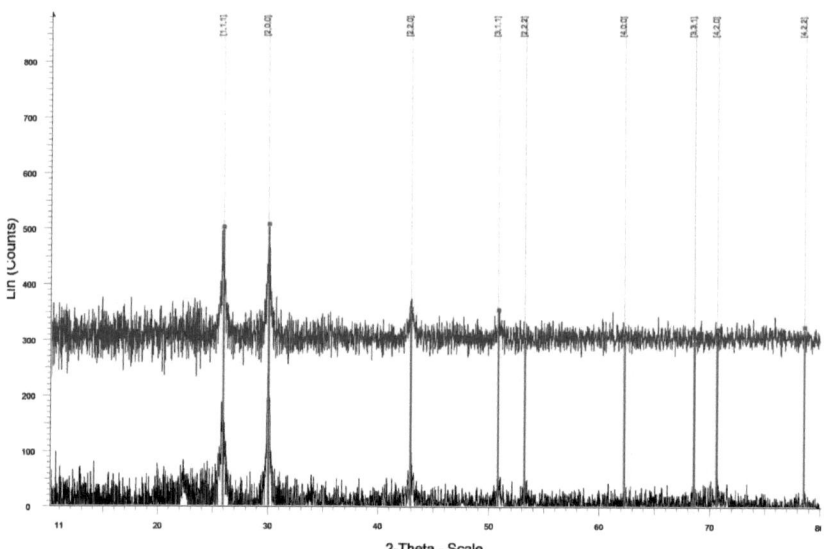

Рисунок 1. Рентгено - дифрактометрические спектры тонкой пленки   PbS полученный химическим осаждением

Как видно из рисунка на образцах тонких пленок PbS полученный химическим осаждением по результатом рентгено – дифрактометрического анализа расположение и интенсивности всех дифракционных пиков полностью совпадают всеми рентгеновскими стандартами.

Для изучения оптических свойств тонкой пленки PbS на стеклянных подложках был использован инфракрасный спектрофотометр "Nikolet is -10". Тем не менее, в инфракрасной области из фона стеклянной подложка спектр тонкой пленки PbS различать был невозможным, поэтому полученный тонкий слой PbS с помощью механических средств отделялся из стекла, исследовано оптические свойства полученного тонкого порошка PbS (косвенно тонкий слой PbS).

На рисунке 2 показано спектр поглощения в области инфракрасного спектра тонкой пленки PbS существующий на фоне пиков функциональных групп.

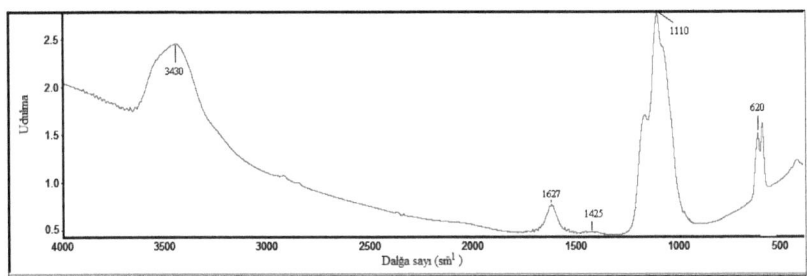

Рисунок 2. Спектр поглощения тонкой пленки PbS

Как известно, в инфракрасной области спектра ряд функциональных групп приводит к появлению некоторых пиков в спектре поглощения. На рисунке 2 выявленный в области высоких энергий широкий пик наблюдаемый при 3430 см$^{-1}$, подходить водопоглощению тонким слоем PbS группы O-H, причем факт поглощения воды поверхностью подтверждается существованием пика 1627 см$^{-1}$ этой группы. Слабый пик наблюдаемый при 1425 см$^{-1}$ подходить колебанию, используемый в процессе метанола CH$_3$. Этот факт подтверждается также существованием пика касающим колебаниям метанола CH$_3$ при немного меньшего значение 3000 см$^{-1}$. Колебания C-O обеспечивает интенсивный пик 1110 см$^{-1}$. Колебания C-H приводить к появлению пика 620 см$^{-1}$.

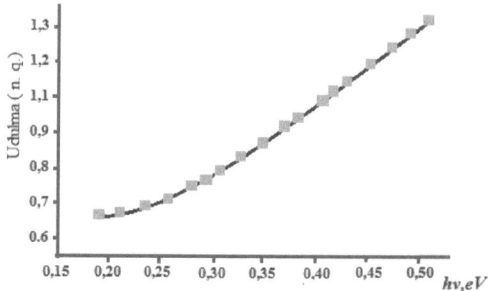

Рисунок 3. Спектр оптического поглощения тонкой пленки PbS в области инфракрасного спектра выделенный из существующих фонов функциональных групп

Из фонах этих пиков после идентификации поглощение относящий только для тонкой пленки PbS были построены зависимости $\alpha(\hbar\nu)$ (рис. 3). Как известно для вычисления ширину запрещенной зоны полупроводника используется формула Тауца [9, с. 112] :

$$\left(\alpha\hbar\nu\right)^{\frac{1}{n}} = A\left(\hbar\nu - E_g\right) \qquad (1)$$

где A- постоянная числа, E_g - ширина запрещенной зоны полупроводника, $\hbar\nu$ - энергия фотона, а n- в зависимости от типа перехода может получить четыре различных значения. Так как, для разрешенного прямого перехода $n = {}^1\!/_2$, для разрешенного непрямого перехода $n = 2$, для запрещенного прямого перехода $n = {}^3\!/_2$, для запрещенного непрямого перехода $n = 3$ [10, с. 112]. Для этого соединения выполняется соотношения $n = {}^1\!/_2$, так как PbS является прямозонным полупроводником [11, с. 103]. Чтобы найти значение ширину запрещенной зоны полупроводника были построены зависимости $\left(\alpha\hbar\nu\right)^2$ от $\left(\hbar\nu\right)$ (рис. 4).

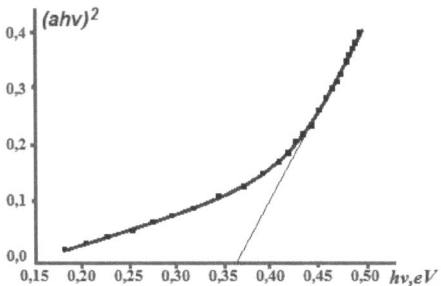

Рисунок 4. Зависимость $(\alpha \hbar v)^2 \sim f(\hbar v)$ для тонкой пленки PbS полученный химическим осаждением

Из этой зависимости определена ширина запрещенной зоны тонкой пленки PbS, полученной методом химического осаждения на основе пересеканию области прямой линии кривой с осью $(\hbar v)$: $E_g = 0,37 eV$ Полученный нами это значение для тонкой пленки PbS хорошо совпадает с литературными данными [11, с. 207].

Таким образом, в процессе исследования спектра поглощения полученный над стеклянной подложке тонкой пленки PbS были использованы две конкретные подходы. Во-первых, так как в инфракрасной области спектра из фона стеклянной подложки, невозможно было выделять спектр поглощения тонких пленок PbS, исследовали спектр поглощения материала тонкой пленки (тонкая пыль PbS). Во вторых спектр поглощения относящийся к PbS был выделен из фона пиков множества функциональных групп, которые характерны для инфракрасной области.

Список литературы

1. M.S. Ghamsari, M.K. Araghi and S.J.Farahani, *Mater. Sci. Eng. B*, 133 (2006), 113.

2. H. Zhang, D. Yang and J. Niu, *J. Cryst.Growth*, 246 (2002) 108.

3. A.M. Malyarevich et al., J. Non-Cryst. Solids, 353 (2007) 1195.cvb

4. T.K. Chaudhuri, Int. J. Ener. Res., 16, (1992) 481.

5. S. Gunes et al., Solar Energy Mater. Solar Cells, 91 (2007) 420.

6. R.K. Das, S. Sahoo and G.S. Tripathi, Semicond. Sci. Technol., 19 (2004) 433.

7. M. Gugliemi et al., J. Sol-Gel Sci. Technol., 11 (1997) 229.

8. H. Li et al., *Proc. SPIE*, 3899 (1999) 376

9. J.Tauc (Ed.), Amorphous and Liquid Semiconductors, Plenum Press, New York, 159 (1974).

10. J.I.Pankove, Optical Process in Semiconductors, New Jersey, USA 34 (1971).

11. J.J. Valenzuela-Jauregui, R. Ramrez-Bon, A. Mendoza-Galvan, and M. Sotelo-Lerma. Thin Solid Films, 441, 2003.

ПОЛУЧЕНИЕ ТОНКОЙ ПЛЕНКИ PbS И ИССЛЕДОВАНИЕ ДИЕЛЕКТРИЧЕСКИХ ФУНКЦИИ МЕТОДАМ ЭЛЛИПСОМЕТРИИ

Геологическая структура и полезные ископаемые Нахчыванской Автономной Республики ещё с середине XVIII века привлекала внимание путешественников. В области полезных ископаемых (Дуздаг, Дарыдаг, Шекердара, Гёмур, Куюлудаг, Кызылкая и др.) обнаружение пищер, колодцев, нахождение первобытных орудий труда, на территории Нахчывана ещё с древних времен добывались соль, мышьяк, медь, золото, сера, свинец, и т. д. Первые геологические исследования и изучение состояния минералов на территории начались во второй половине XVIII века. Систематическое изучение территории относится к периоду создания Нахчыванской Автономной Республики

В рядах минеральных ресурсов Автономной Республики имеется минералы который содержит такие элементы как Au, Cu, Zn, Mo, Sb, Sn, Pb, S и т. д. Минерально - сырьевой базы АР включает в себя 41 разных промышленных ресурсов полезных ископаемых. В регионе особое место занимает Гюмушлунский - галенит; Несирвазский - свинец, молибден; Гёмур, Сальвартынский - сера; Агдеренский - полуметаллический месторождений [2, с. 81]. Существование природных месторождений минералов которые являются основным сырьем полупроводникового материала сульфида свинца (Pb-свинец и S-сера) в АР, доказывает эффективность проведения научно-исследовательских работ в этой области. Основное направление наших исследований – разделение Pb - свинца и S - серы из минералов и получения на их основе тонких пленок PbS, исследование и определение возможности применения полученных пленок. Для этой цели первоначально нами были получены тонкие пленки PbS, проведены их рентгено -дифрактометрические анализы, исследованы оптические свойства.

Сульфид свинца (PbS) широко применяется в инфракрасной технике [4, 5 с. 101; 29], в микро- и оптоэлектронике, нанотехнологие [6, с. 92], в фотометрических переключателях [7, с. 81], в солнечных элементах [8, с. 319] и т. д. В отличие от всех других полупроводниковах температурный коэффициент запрещенной зоны в PbS положительно [9, с. 91]. Кроме того, при получении тонких пленок PbS в условиях одновременного осаждения с CdS, в зависимости от сочетании сопроцента состава PbS могут быть получены совершенно новыми свойствами полупроводниковые материалы [10, с. 91; 72].

В данной работе исследовано получение и определение диэлектрических параметров по эллипсометрическим методам тонких пленок PbS полученных путем химического осаждения.

В настоящее время существует множество способов и методик получения фоточувствительных пленок сульфида свинца PbS. По способу получения пленки принято разделять на два типа: "физические" и "химические" слои.

К "физическим" слоям PbS относят пленки, полученные методами вакуумного испарения, пиролизного напыления и спекания порошка с последующей активацией их в кислородсодержащей атмосфере. Методы, используемые при производстве "физических" слоев PbS, позволяют получать пленки большого масштаба с достаточно высокой фоточувствительностью ($\sigma \approx 5 \cdot 10\text{-}5$ Ом-1·см-1, Т=170К) . "Химические" слои образуются при электрохимическом и химическом осаждении пленок из раствора. Привлекательность химических способов состоит в возможности легирования пленок непосредственно в процессе выращивания с целью получения образцов с заранее заданными свойствами. Наряду с указанными достоинствами, эти методы обладают рядом недостатков.

К недостаткам "физических" слоев относятся нестабильность фотоэлектрических параметров (фоточувствительности, отношения сигнал/шум, темнового сопротивления), высокий уровень шума, быстрая деградация параметров, неустойчивость электрических и физических свойств, трудность легирования в процессе роста пленки, дорогостоящее оборудование для производства, необходимость очувствления в кислородсодержащей атмосфере.

К недостаткам "химических" слоев относятся нестабильность параметров образцов некоторое время после приготовления, большая инерционность (время срабатывания порядка миллисекунд), что ограничивает применение метода химического осаждения для регистрации быстро протекающих процессов, сопровождающихся выделением ИК-излучения, ухудшение фоточувствительности этих пленок с течением времени, для ее стабилизации необходимы специальные обработки.

Для получения тонких пленок PbS методом химического осаждения использованный раствор был изготовлен из следующих реагентов взятых в равных количествах (по объемному размеру): ацетат свинца Pb (CH$_3$ COO)$_2$ - 0,07 M; гидроксида натрия (NaOH) -0,3 M; триэтаноламин N (CH$_2$CH$_2$OH)$_3$ - 0,06 M; тиомочевина (NH$_2$)$_2$CS - 0, 17 M. Процесс химического осаждение, проведен внутри 60 миллилитровом лабораторном стакане при 40^0 C. В раствор заранее помещали в вертикальном положение стеклянную подложку и в течение всего процесса раствор смешивали магнитной мешалкой. Через 20 минут стекло удаляется из раствора, промывают дистиллированной водой и сушат. После этого процесса на стеклянной подложке была получена хорошо осажденный на стекло, однородный, темно-коричневого цвета тонкая пленка PbS. Механизм реакции для формирование PbS с помощью триэтаноламина (ТЭА), как комплексообразователя выглядит следующим образом:

$$[Pb(CH_3COO)_2 \cdot 3H_2O + 2NaOH] \longrightarrow Pb(OH)_2 + 2Na(CH_3COO) + 3H_2O$$

$$SC(NH_2)_2 + 2H_2O \xrightarrow{\ :OH^-\ } H2S_{(g)} + CO_{2(g)}\uparrow + 2NH_{3(g)}\uparrow \xrightarrow{\ :OH^-\ } S^{2-} + H_2O$$

$$2Pb(OH)_2 + 2[C_6H_{15}NO_3]n \xrightarrow{40^0} 2[Pb(TEA)n] + 2H_2O + O_2$$

$$[Pb(TEA)n] \xrightarrow{40^0} Pb^{2+} + n(TEA)$$

$$Pb^{2+} + S^{2-} \xrightarrow{40^0} PbS$$

По результатам рентгено -дифрактометрического анализа на образцах тонких пленок PbS полученный химическим осаждением расположение и интенсивности всех дифракционных пиков полностью совпадает всеми рентгеновскими стандартами PbS.

Для определения оптических параметров тонких пленок PbS полученным путем химического осаждения на образцах проведен эллипсометрический анализ.

Как известно оптические постоянные полупроводников являются их фундаментальными физическими характеристиками. В видимом, ультрафиолетовом и ближнем инфракрасном диапазонах длин волн поглощение света в полупроводниках обусловлено межзонными переходами и поэтому их оптические свойства тесно связаны с особенностью зонной структуры. Для исследования свойств поверхности твердого тела и пленочных структур применяются три вида оптических методов: спектрофотометрические (регистрация характеристического излучения при электронных переходах), интерферометрические (измерение разности фаз) и поляриметрические (измерения поляризации). Эллипсометрия относится к поляриметрическим методам исследования поверхности и предназначена для измерения толщины тонких пленок, параметров тонкопленочных структур и оптических констант поверхностей различных материалов (металлов, полупроводников, диэлектриков, в том числе жидких сред).

Измерения и анализ изменений поляризационного состояния электромагнитного излучения оптического диапазона при отражении от исследуемого объекта, называемые отражательной эллипсометрией, определяют параметры поверхностей и тонких пленок, нанесенных на них. Анализ, проводимый при нескольких углах падения и для нескольких длин волн, так называемый метод многоугловой спектральной эллипсометрии позволяет одновременно определять параметры - $n(\lambda)$, d и $k(\lambda)$ – с достаточно высокой точностью. Основное уравнение эллипсометрии, связывающее между собой эллипсометрические параметры дельта (Δ) и пси (Ψ) и комплексные значения коэффициентов отражения по амплитуде R_p и R_s для p- и s-поляризованного света записывается в виде:

$$p = \frac{R_p}{R_s} = tan(\psi)e^{i\Delta}$$

Как видно из уравнения в процессе измерения определяются не абсолютные, а относительные величины, что является важным достоинством метода. По измеренным величинам Δ и Ψ при решении обратной задачи эллипсометрии на основе выбранной модели определяются оптические параметры поверхности образца [1, с. 16].

Измерения проводилось на эллипсометре маркой «J. A. WOLLAM COMPANY-M2000 SPECTROSCOPIK ELLIPSOMETER».

Общая толщина тонких пленок было в порядке 112,1 нм (толщина пленки - 87,7 нм + шероховатость - 14, 4 нм). На рисунке 1 показан результаты измерения толщины образцов PbS.

шероховатость - 14,4 нм   а)
PbS слой - 87,7 нм   б)
Стекл. подложка   в)

Рисунок 1. Толщина образцов PbS. а) шероховатость, б) тонкий слой, в) стеклянная подложка.

В результате исследований определены ε_1 и ε_2 – диэлектрические константы. Ниже в таблице 1 приведена некоторые экспериментальные и палические значение диэлектрических функции ε_1 и ε_2 в интервале длина волн 0 – 0,7 еВ.

Таблица 1. Некоторые значение диэлектрических функции ε_1 и ε_2 в интервале длина волн 0 – 0,7 еВ.

eV	ε_1	ε_2	eV	ε_1	ε_2
эксперимент			палик		
6.449373	0.840242	2.642656	6.449373	-1.561877	3.458247
6.294309	0.786568	2.767781	6.294309	-1.593251	3.693296
5.914944	0.439733	3.106167	5.914944	-1.676943	4.320299
5.173779	-0.008193	4.490150	5.173779	-2.146094	5.800276
4.707659	0.109358	5.268050	4.707659	-2.608792	6.844403
4.114073	0.160974	7.466751	4.114073	-4.620835	9.197939
3.889148	0.565199	8.720360	3.889148	5.291385	10.975956
3.413735	3.953218	11.259107	3.413735	2.057311	20.544603
2.842324	8.382991	9.512170	2.842324	10.788798	21.333158
2.404496	10.118484	7.394230	2.404496	15.661793	15.306604
1.929057	11.378533	4.094128	1.929057	17.083616	12.392474
1.702141	13.144956	1.592600	1.702141	19.582325	10.352324
0.973603	13.235331	0.734837	0.973603	18.157276	3.575744
0.818706	13.056684	0.415598	0.818706	17.914595	3.127842
0.788101	13.045831	0.346344	0.788101	17.870216	3.058649
0.734637	13.033941	0.223597	0.734637	17.822718	2.905088

По полученном данным построен график диэлектрических функции ε_1 и ε_2 тонких пленок PbS.

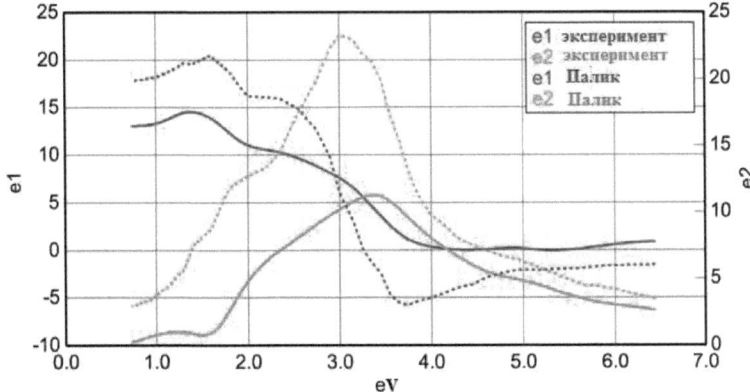

Рисунок 2. Экспериментальные и палические кривые диэлектрических функций ε_1 и ε_2 тонких пленок PbS.

Как видно из графика все кривые диэлектрических функции ε_1 и ε_2 тонких пленок PbS почти совпадают.

Таким образом, в этой работе был определен оптимальный режим осаждения и механизм реакции получения тонкой пленки. Измерены толщина и некоторые значение диэлектрических функции образцов PbS.

Список литературы:

1. Азарова В.В., Вольпян О.Д., В.В.Фокин. "Эллипсометрия градиентных диэлектрических нанопленок". М.: Мир,1981.-582 с.

2. Рзаев Б.З., Караев А.М. Природные ресурсы Нахчыванской АР и их рационально использование. Нахчывань 2013, 480 с.

3. Ghamsari M.S., Araghi M.K. and Farahani S.J., *Mater. Sci. Eng. B*,vol. 113 (2006), p 133.

4. Zhang H., Yang D. and Niu J., *J. Cryst.Growth*, vol.108, (2002), p. 246

5. Malyarevich A.M. et al., Non J. -Cryst. Solids, 353 (2007) 1195.cvb

6. Chaudhuri T.K., Ener J. Int. Res., 16, (1992) 481.

7. S. Gunes et al., "Hybrid solar cells using PbS nanoparticles" Solar Energy Mater. Solar Cells, Vol. 91, 2007 pp. (s) 420-423.

8. R K Das, S Sahoo, G S Tripathi, "Electronic structure of high density carrier states in PbS, PbSe and PbTe", Semiconductor Science and Technology, vol. 19, no. 3, 2004, pp. 433-441.

9. M. Gugliemi et al., "Effects of Deposition Parameters on Chemically Deposited", J. Sol-Gel Sci. Technol.,vol. 11, 1997, p. 229.

10. H. Li et al., *Proc. SPIE*, Vol. 3899, 1999, pp. 374-376.

КРИСТАЛЛИЧЕСКАЯ СТРУКТУРА НАНОСТРУКТУРИРОВАННОЙ ТОНКОЙ ПЛЕНКИ PbS ПОЛУЧЕННОЙ МЕТОДОМ ХИМИЧЕСКОГО ОСАЖДЕНИЯ

Среди полупроводниковых соединений типа $A^{IV}B^{VI}$ наиболее изученными являются халькогениды свинца. Сульфид свинца широко применяется в инфракрасной технике [4, с. 10 -15], микро и оптоэлектронике. Его электронные свойства, как и свойства других полупроводников, существенно меняются при переходе из крупнокристаллического состояния в наноструктурированное. Это открывает новые возможности применения оптических свойств наноструктурированного PbS в видимом и инфракрасном диапазонах спектра. Наноструктурированный сульфид свинца, преимущественно в виде пленок, может использоваться для расширения спектрального диапазона ИК-фотоприемников и детекторов (в области спектра от 850 до 3100 нм), предназначенных для обнаружения тепловых источников, в фотоумножителях и приборах ночного видения, в солнечных батареях и оптических переключателях [2, с. 279-284]. Новые данные рентгеновской дифракции нанокристаллических пленок PbS показывают, что их структура не совпадает со структурой крупнокристаллического сульфида свинца [5, с. 210 – 214]. В данной работе исследовано оптимальный режим получения и кристаллическая структура тонких пленок PbS.

Для получения тонких пленок PbS методом химического осаждения использованный раствор был изготовлен из следующих реагентов взятых в равных количествах (по объемному размеру): ацетат свинца, $Pb(CH_3COO)_2$ - 0,07 М; гидроксида натрия (NaOH) - 0,3 М; триэтаноламин $N(CH_2CH_2OH)_3$ -0,06 М; тиомочевина$(NH_2)_2CS$ - 0, 17 М. Процесс химического осаждение, проведен внутри 60 миллилитровом лабораторном стакане при 40^0 C. В раствор заранее помещали в вертикальном положение стеклянную подложку и в течение всего процесса раствор смешивали магнитной мешалкой. Через 20 минут стекло удаляется из раствора, промывают дистиллированной водой и сушат. После этого процесса на стеклянной подложке была получена хорошо осажденный на стекло, однородный, темно-коричневого цвета тонкая пленка PbS. Механизм реакции для формирование PbS с помощью триэтаноламина (ТЭА), как комплексообразователя выглядит следующим образом:

$$[Pb(CH_3COO)_2 \cdot 3H_2O + 2NaOH] \longrightarrow Pb(OH)_2 + 2Na(CH_3COO) + 3H_2O$$

$$SC(NH_2)_2 + 2H_2O \xrightarrow{:OH^-} H2S_{(g)} + CO_{2(g)}\uparrow + 2NH_{3(g)}\uparrow \xrightarrow{:OH^-} S^{2-} + H_2O$$

$$2Pb(OH)_2 + 2[C_6H_{15}NO_3]n \xrightarrow{40^0} 2[Pb(TEA)n] + 2H_2O + O_2$$

$$[Pb(TEA)n] \xrightarrow{40^0} Pb^{2+} + n(TEA)$$

$$Pb^{2+} + S^{2-} \xrightarrow{40^0} PbS$$

В рентгено – дифрактометрическом спектре наноструктурированной тонкой пленки PbS полученной химическим осаждением обнаружена новая кубическая фаза в отличие от поликристаллической тонкой пленки PbS полученной химическим осаждением [1, с. 10 – 15].

В литературе структура пленок PbS считается кубической, но тип структуры однозначно не определен: есть данные, что пленки PbS могут иметь структуру B_1 [3, с. 91], B_3 или более сложную кубическую структуру [6, с. 431 – 432].

Распределение атомов свинца и серы в модели B_1 структура такого: - В базисе элементарной ячейки PbS со структурой B_1 (пр. группа $Fm\bar{3}m$) находится 8 атомов, из них четыре атома Pb в позициях 4(a) с координатами (0 0 0), (1/21/20), (1/201/2), (01/21/2) и четыре атома серы S в позийиях 4(b) с координатами (1/21/1/2), (001/2), (01/20) и (1/200). Равновесной структурой сульфида свинца является кубическая (пр. гр. $Fm\bar{3}m$) структура B_1, а основной фазой пленки в двухфазной модели тоже является фаза со структурой B_1. Поэтому можно предположить, что реальная структура пленки PbS относится к пространственной группе $Fm\bar{3}m$, но атомы S в ней размещаются не только октаэдрических междоузлиях (позициях $4(b)$), но и в тетраэдрических (позициях $8(c)$) с координатами (1/4 1/4 4), (3/4 3/4 1/4), (3/4 1/4 3/4), (1/4 3/4 3/4), (3/4 3/4 3/4), (3/4 1/4 1/4), (1/4 3/4 1/4), (1/4 1/4 3/ 4). В такой структуре вероятности заполнения атомами S позиций $4(b)$ и $8(c)$ равны y и $(1 - y)/2$ сотетственно. С учетом координат позиций $4(a)$ занятых атомами Pb, и позиций $4(b)$ и $8(c)$, с вероятностями y и $(1 - y)/2$ занятых атомами S, структурная амплитуда F предполагаемой кубической (пр. гр. $Fm\bar{3}m$) фазы имеет вид:

$$F = fPb\{1 + \exp[- i\pi(h + k)] + \exp[-i\pi (h+l)] + \exp[-i\pi (k +l)]\}$$
$$+yfS \{ \exp [[- i\pi(h + k + l)] + \exp(-i\pi h) + \exp(-i\pi k) + \exp(-i\pi l)]\}+$$
$$[(1-y)fS /2]\{\exp[-i\pi(h+k+l)/2 + \exp[-i\pi(3h + 3k +l)/2]+$$
$$+ \exp[-i\pi(3h + k +3l)/2]+\exp[-i\pi(h + 3k +3l)/2] +$$
$$+\exp [-i\pi(3h + 3k +3l)/2]+ \exp[-i\pi(h + k +3l)/2]+$$
$$+\exp[-i\pi(h + 3k +l)/2]+\exp[-i\pi(3h + k +l)/2]\}.$$

В кубической (пр. гр. $Fm\bar{3}m$) структуре сульфида PbS радиусы октаэдрического и тетраэдрического междоузлий равны $r_{octa} = a/2 - r_{Pb}^{2+}$ и $r_{tetra} = a\sqrt{3}/4 - r_{Pb}^{2+}$, соответственно. Период a решетки изученной пленки PbS равен 0,5940 нм, радиусы ионов Pb^{2+} və S^{2-} равны 0,121 и 0,184нм [4, с. 1621 – 1633]. С учетом этого радиусы окта и тетраэдрического междоузлий имеют величину ~ 0,176 и ~ 0,136 нм.

Заполнение атомами S позиций $4(b)$ и $8(c)$, с вероятностями ~ 0,84 и ~ 0,08 означает, что примерно из каждых двенадцати октамеждоузлий 10 заняты атомами S, а два – пустые. В кубической (пр. гр. $Fm\bar{3}m$) структуре число тетраэдрических междоузлий в два раза больше числа октамеждоузлий [3, с. 1394- 1400]. Поэтому на 12 октамеждоузлий приходится 24 тетрамеждоузлия, из них два заняты атомами S, остальные вакантны. Отсутствие сверхструктурных отражений означает, что размещение атомов S на позициях каждого типа является неупорядоченным, статистическим. В соответствии с этим на рис. 1 показана модель кубической (пр. гр. $Fm\bar{3}m$) структуры пленки PbS в сравнении со структурой B_1. Как видно из рисунка 1 при заполнении ионом серы тетраэдрического междоузлия по меньшей мере одно из соседних октамеждоузлий является пустым, то есть в подрешетке серы обсуждаемой кубической фазы имеются корреляции или некоторый ближний порядок.

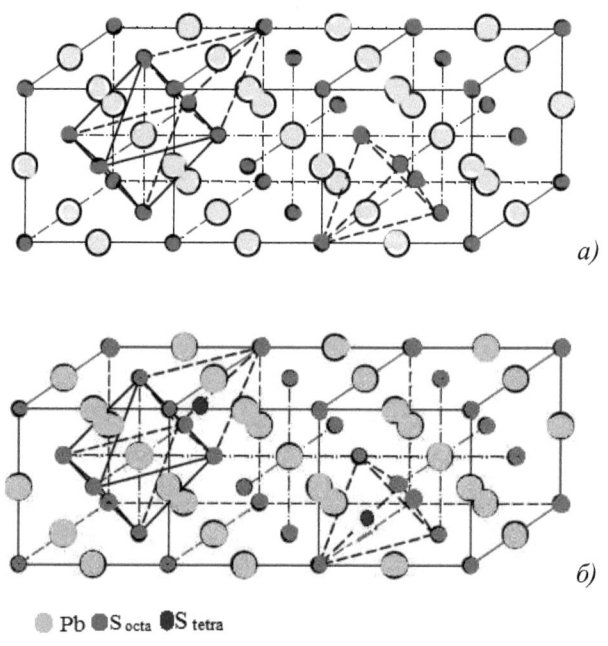

а)

б)

● Pb ● S octa ● S tetra

26

Рисунок 1. Кубическая (пр. гр. Fm3m) структура B_1 сульфида свинца(а) и модель кубической (пр. гр. $Fm\bar{3}m$) структуры нанопленки PbS (б) со статистическим размещением атомов серы S в октаэдрических и тетраэдрических междоузлиях. Размещение части атомов S в тетраэдрических междоузлиях ведёт к некоторому росту периода решетки в сравнении с периодом a_{B1} сульфида PbS со структурой B_1 и появлению микронапряжений.

Можно утверждат что новая кубическая (пр. гр. $Fm\bar{3}m$) фаза сульфида свинца наблюдается только в тонкой наноструктурированной пленке.

Таким образом, в этой работе был определен оптимальный режим осаждения и механизм реакции получения наноструктурированной тонкой пленки PbS. Установлено новая кубическая фаза в нанопленке в отличие от крупнокристаллической кубической структуры.

Список литературы

1. Ахмедов О. Р. Оптические свойства тонкой пленки PbS полученной методом химического осаждения // Материалы XX международной науч.- пр. конференции. Москва 2013, 203с., с.10 – 15.

2. Садовников С.И. Новая кристаллическая фаза в тонких пленках сульфида свинца/ С.И. Садовников, А. И. Гусев, А.А. Ремпель//Письма в ЖЭТФ – 2009, - Т. 89, № 5.- С. 279- 284.

3. Садовников С.И. Структура и оптические свойства нанокристаллических пленок сульфида свинца/С.И. Садовников, Н.С. Кожевникова, А.А. Ремпель// Физика и техника полупроводников. – 2010, - Т. 44, № 10. – С. 1394 – 1400.

4. Садовников С. И., Кожевников Н. С., Гусев А. И.. Оптические свойства наноструктурированных пленок сульфида свинца с кубической структурой типа DO_3 . ФТП, 2011, том 45, вып. 12, с. 1621 – 1633.

5. Das R.K., Sahoo S. and Tripathi G.S. Semicond. Sci. Technol., 19 (2004) 433.

6. Qadri S. B., Singh A., Yousuf M.. Thin Sol. Films, 431 – 432, 506 (2003).

7. Rempel A., Kozhevnikova N. S., Leenaers A. J. G. and S. van den Berghe, J. Cryst. Growth 280, 300 (2005).

8. Ghamsari M.S., Araghi M.K. and Farahani S.J., *Mater. Sci. Eng. B*, 133 (2006), 113.

СИНТЕЗ И РЕНТГЕНОГРАФИЧЕСКИЕ ИССЛЕДОВАНИЯ
СПЛАВОВ СИСТЕМЫ (PbS)$_{1-x}$(La)$_X$ (x=0,01-0,6)

Методами физико-химического анализа (ДТА, РФА, МСА а также определением плотности и измерением микротвердости) исследованы физико-химические свойства сплавов системы (PbS)$_{1-x}$(La)$_x$ и построена диаграмма состояния. Установлено, что в системе (PbS)$_{1-x}$(La)$_x$ на основе PbS растворяется 5 мол.% La. В системе (PbS)$_{1-x}$(La)$_x$ образуется эвтектика доля La в которой составляет 60 ат.% при температуре плавления 740°С.

Для сплав из области твердых растворов проводились рентгенофазовый анализ и рассчитаны параметры решетки. Установлено, что сплавы, образующие твердые растворы на основе PbS кристаллизуются в структуре кубической сингонии.

Соединения халькогенидов свинца и полученные твердые растворы на их основе широко используются в различных областях электронной промышленности как фоточувствительные и так термоэлектрические материалы [1-3]. В рядах халькогенидов свинца PbS→ PbSe→ PbTe термоэлектрические свойства постепенно повышаются [4, 5]. Поиск новых фоточувствительных и высокоэффективными термоэлектрическими материалов имеет научное и практическое значение. С этой целью представляет интерес изучение влияния редкоземельного элемента лантана - (La) на свойства соединение PbS.

Целью настоящей работы изучение химического взаимодействия в системе (PbS)$_{1-x}$(La)$_x$, определение области твердых растворов и изучение физико - химических свойств сплавов.

Соединение PbS плавится конгруэнтно при 1113°С и кристаллизируется в кубической сингонии, параметры решетки а = 5,914, Z = 4, пр. гр. Fm3m - O^5_h, плотность ρ = 7,68 г/см^3, микротвердость Нμ=720 МРа [6].

ЭКСПЕРИМЕНТАЛЬНАЯ ЧАСТЬ

Синтез сплавов системы $(PbS)_{1-x}(La)_x$ осуществлялся в температурном интервале 1100-1200°C ампульным методом, путем совместного плавления компонентов PbS и La в однозонной печи. Для гомогенизации сплавы подвергались термической обработке при 600°C в течение 200 часов. Гомогенизация контролировалась методами ДТА и МСА.

Полученные сплавы системы $(PbS)_{1-x}(La)_x$ исследовались методами физико-химического анализа: дифференциально - термическим анализом (ДТА), рентгенфазовым анализом (РФА), микроструктурным анализом (МСА), а также посредством измерения плотности и микротвердости. Дифференциальный термический анализ (ДТА) проводился в термографе «Termoskan -2». В качестве эталона использовалось соединение Al_2O_3 и скорость нагрева была 10°C/мин.

Рентгенфазовый анализ проводился на рентгенодифрактометре «D2 PHASER». Для исследования были использованы Cu Ka излучение и никелевый (Ni) фильтр. Микроструктурный анализ (МСА) проводился на металлографическом микроскопе "МИМ-8". Для выявления фазовых границ в качестве травителя был использован раствор следующего состава: 10 мл H_2SO_4 + 5г $K_2Cr_2O_7$ + 90 мл H_2O.

Микротвердость сплавов измеряли с помощью микроскопа «ПМТ–3». Для каждой фазы определяли зависимость микротвердости от состава. Плотность сплавов определяли пикнометрическим методом, в качестве рабочий жидкости использовали толуол.

РЕЗУЛЬТАТЫ И ИХ ОБСУЖДЕНИЕ

Сплавы системы $(PbS)_{1-x}(La)_x$ - серебристого цвета, образующие компактную массу. Образцы устойчивы против воздуха, воды и органических растворителей. Эти материалы хорошо растворяются только в сильных кислотах (H_2SO_4, HNO_3).

Анализ ДТА показал, что термические эффекты, наблюдаемые в термограммах образцов, являются обратимыми. В термограммах наблюдались термические эффекты двух видов. Результаты анализа микроструктуры сплавов системы $(PbS)_{1-x}(La)_x$ показали, что сплавы с содержашием La в интервале $0 \div 5$ ат.% La однофазные, а остальные двухфазные.

Измерения микротвердости сплавов системы проводились под весом $P = 0,10$ Н и $P = 0,20$ Н. В результате было установлено, что микротвердость сплавов с концентрациями La в интервале $0 \div 5$ ат.% в зависимости от состава постепенно увеличивается (800-930 МПа). Это показывает, что в системе растворяется 5 ат. % La. С целю уточнения области твердого раствора были синтезированы сплавы, содержащие 3, 5 , 7 и 10 ат. % La и выдерживали их в течение 200 часов в 200 и $400^{o}C$ соответственно и резко охлаждали в ледяной воде. Затем на этих образцах проведен микроструктурный анализ. В результате было установлено, что при комнатной температуре на основе PbS растворяется 5 ат. % La, а в $740^{0}C$ растворяется 15 ат. % La.

Для подтверждение результатов ДТА и МСА был проведен рентгенфазовый анализ сплавов системы $(PbS)_{1-x}(La)_x$. Были построены рентгенограммы сплавов, содержащие 1, 3 , 5 и 15 ат. % La (рис. 1). В результате исследований рассчитывались межплоскостные расстояния и интенсивность максимумов дифракции, и сравнивались с рентгенограммой исходных компонентов. Было установлено, что дифракционные линии сплавов, содержащие $0 \div 5$ ат. % La изоструктурны с дифракционными максимумами соединения PbS. Сплавы этой области являются твердыми растворами. Образцы с 15 ат. % La - двухфазные. Установлено, что рентгенограммы этого образца представляют собой смесь рентгеновских линий исходных компонентов (рис. 1).

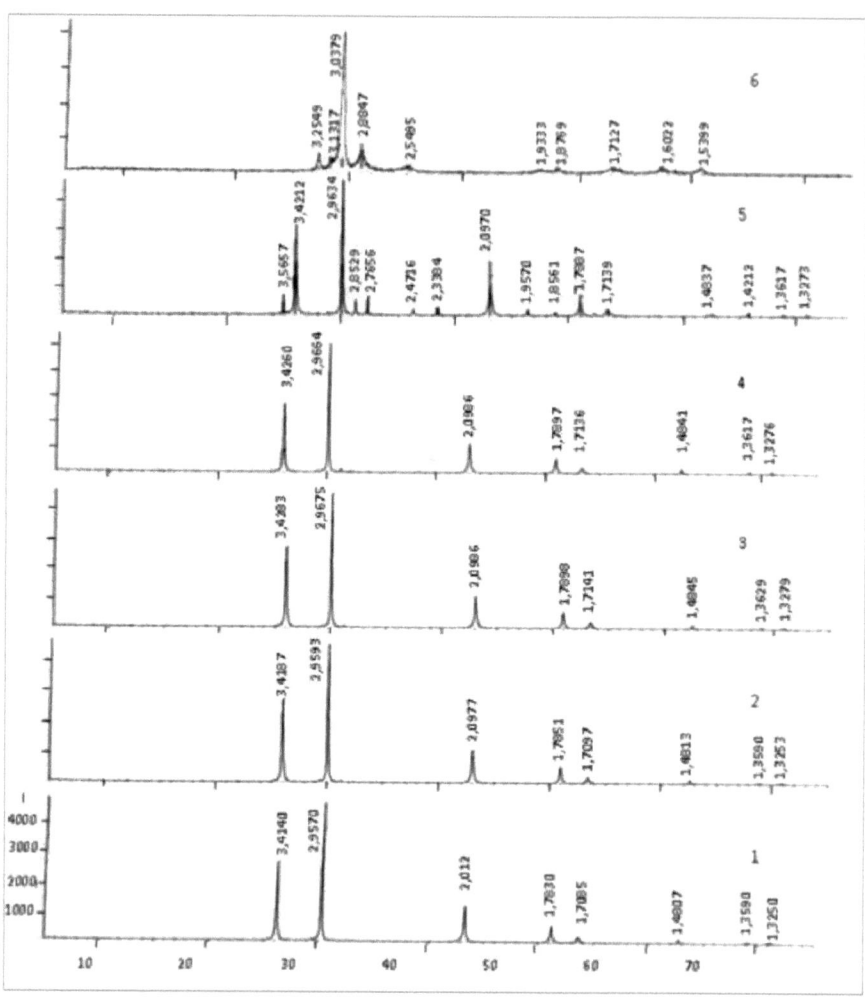

Рисунок 1. Дифрактограммы сплавов системы (PbS)$_{1-x}$(La)$_x$. 1- PbS, 2-1, 3-3, 4-5, 5-15, 6 -100 мол. % La.

Для сплавов из области твердых растворов на основе PbS (т.е. сплавы содержащие 1; 3 и 5 ат. % La) рассчитаны параметры элементарной ячейки. Было установлено, что сплавы твердых растворов изоструктурны с PbS и кристаллизируется в структуре кубической решетки. Рентгеновские данные сплавов системы (PbS)$_{1-x}$(La)$_x$ (x=0,01;

0,03; 0,05) образующие твердые растворы, приведены в таблице 1. Параметры решетки сплавов системы $(PbS)_{1-x}(La)_x$ содержащих 1, 3 и 5 ат. % La – соответственно равны: $a = 5,9224$ Å, $a = 5,9356$ Å, $a = 5,9367$ Å. В элементарной решетке каждой из трех образцов находятся четыре формулы $Z = 4$. Пикнометрические и рентгенографические плотности сплав с 1, 3 и 5 ат. % La соответственно равны: $\rho_{пик.} = 7,58$ г/см^3, $\rho_{рентг.} = 7,65$ г/см^3; $\rho_{пик.} = 7,50$ г/см^3, $\rho_{рентг.} = 7,54$ г/см^3; $\rho_{пик.} = 7,42$ г/см^3, $\rho_{рентг.} = 7,47$ г/см^3.

Таблица 1. Рентгенографические данные сплавов системы $(PbS)_{1-x}(La)_x$ (0,01; 0,03; 0,05)

99 % PbS- 1 % La a=5,9224 Å				97 % PbS- 3 % La a=5,9356 Å				95 % PbS-5% La a=5,9367 Å			
I	$d_{экс.}$	$d_{расч.}$	hkl	I	$d_{экс.}$	$d_{расч.}$	hkl	I	$d_{экс.}$	$d_{расч.}$	hkl
55	3,4187	3,4193	111	72	3,4260	3,4279	111	80	3,4285	3,4280	111
100	2,9593	2,9559	200	100	2,9664	2,9683	200	100	2,9675	2,9683	200
30	2,0977	2,0975	220	29	2,0986	2,0984	220	27	2,0986	2,0989	220
15	1,7851	1,7856	311	13	1,7897	1,7897	311	12	1,7898	1,7900	311
5	1,7097	1,7097	222	4	1,7136	1,7135	222	5	1,7141	1,7137	222
3	1,4813	1,4805	400	2	1,4841	1,4840	400	3	1,4845	1,4841	400
2	1,3590	1,3587	331	2	1,3617	1,3616	331	1	1,3629	1,3620	331
2	1,3253	1,3243	420	2	1,3276	1,3272	420	2	1,3279	1,3274	420

По результатам исследования построена диаграмма состояния $(PbS)1-x(La)x$ (рис. 2).

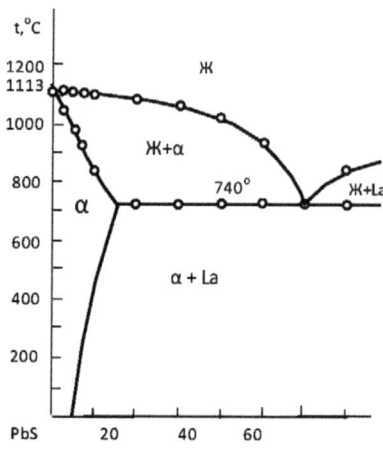

Рисунок 2. Диаграмма состояния системы $(PbS)_{1-x}(La)_x$ (0,01-0,7).

Ликвидус системы состоит из кривой, формировавшейся на основе PbS α-твердого раствора и кривой начальной кристаллизации La элемента. В системе $(PbS)_{1-x}(La)_x$ образуется эвтектика доля La, в которой составляет 60 ат. % при температуре плавления 740°C. На таблице 2. приведены результаты некоторых физико-химических свойств сплавов системы $(PbS)_{1-x}(La)_x$. В результате измерений микротвердости в системе получены два вида значения микротвердости (таблица 2).

Таблица 2. Зависимость физико-химических свойств сплавов системы (PbS)$_{1-x}$(La)$_x$ от количества элемента La

Состав, мол %		Эффекты температуры нагревания., °C	Плотность, 10^3кг/m^3	Микротвердость фаз, MPa	
PbS	La			α	La
				P=0,10 H	P=0,20 H
100	0,0	1113	7,60	720	-
97	3,0	1025, 1110	7,50	800	-
95	5,0	990,1110	7,42	830	-
93	7,0	870,1105	7,35	830	-
90	10	830,1100	7,30	840	-
80	20	740, 1095	7,25	840	-
70	30	740, 1070	7,20	840	-
60	40	740, 1040	7,10	840	-
50	50	740,950	6,86	840	-
40	60	740	6,48	Эвтектика	Эвтектика
30	70	740, 850	6,30	-	2200
0,0	100	920	6,16	-	2200

Значения микротвердости (720 – 830 MPa) в системе (PbS)1-x(La)x соответствуют микротвердости α- твердого раствора, образовавшийся на основе соединений PbS, а другое значение (2200 MPa) соответствует микротвердости элемента La.

СПИСОК ЛИТЕРАТУРЫ

1. Равич Ю.П., Ефимова Б.А., Смирнова И. А. Методы исследования полупроводников в применении к халькогенидам свинца PbS, PbSe и PbTe.- М.: Изд. Наука.1968. 394 с.

2. Угай Я.А., Яценко О.Б., Семенов В.Н. и др. Фотоэлектрические свойства пленок, содержащих CdS и PbS. // В сб. "Полупроводниковые материалы и их применение"- Воронеж: изд-во Воронеж, ун-та, 1974,с. 188-192.

3. Гудаев О.А., Пауль Э.Э., Седельников А.П. Локальная неоднородность фоточувствительности химически осажденных слоев PbS. // Автометрия. 1989, № 5, с.118-120.

4. Охотин А.С., Пушкарский А. С. Методы исследования характеристик термоэлектрических материалов преобразователей. М.: Изд. Наука. 1974.167 с.

5. Карпинский О.Г., Авилов Е.С., Кретова М.А. и др. Анизотропные термоэлектрические свойства слоистых соединений PbSb2Te4 и PbBi4Te7 // Журн. Неорган. материалы. 2007, т. 43, № 2, с.125-128.

6. Noda Y., Masumoto K., Ohba S., Salto Y. et al. Temperature dependence of atomic thermal parameters of lead chalcogenides, PbS, PbSe and PbTe // Acta Crystallogr., Sec. C: Cryst. Struct. Commun. 1987, V. 43, p. 1413-1416.

ОПТИЧЕСКИЕ СВОЙСТВА ПОРОШКА PbS ОСАЖДЕННОГО ИЗ РАСТВОРА МЕТОДОМ ХИМИЧЕСКОГО ОСАЖДЕНИЯ

АННОТАЦИЯ

В данной работе был исследован спектр поглощения порошка PbS полученной в виде осадка из раствора при получении тонких пленок PbS методом химического осаждения до и после термической обработки. Ширину запрещенной зоны порошка PbS после термической обработки рассчитывали по соотношению Тауца из спектра поглощения, относящейся к PbS, выделенный от фона пиков множества функциональных групп.

Ключевые слова: химическое осаждение, спектр поглощения, тонкие пленки, PbS, ширина запрещенной зоны, соотношение Тауца, ИК спектры.

ВВЕДЕНИЕ

Среди полупроводниковых соединений типа $A^{IV}B^{VI}$ известные как соли свинца, были предметом огромного количества теоретических и экспериментальных работ в течение последних десятилетий причиной который являются их технологической целесообразности и их интересные физические свойства. Тонкие пленки и порошки сульфида свинца (PbS) как светочувствительные материалы с малой шириной запрещенной зоны ($E_g = 0,41$ *эВ*), большим значением статической диэлектрической проницаемости и высокой подвижностиью электронов и дырок, широко используются в фоторезисторах, солнечных батареях, датчиках инфракрасного излучения. На основе PbS разработаны уникальные многоканальные фотоприемные устройства для систем космического наблюдения. Большинство новых фотоприемников изготавливаются из поликристаллических слоев и гетероструктур, поэтому большой интерес представляет исследование электронно ионных процессов протекающих в тонких пленках PbS. Сульфид свинца (PbS) широко применяется как потенциальный материал ИК-детекторов [1], в нанотехнологии [2], в фотометрических переключателях [3], селективное покрытие для солнечных элементов [4]. PbS является прямозонным узким полупроводником в точке L зоне Бриллюэна, ширина запрещенной зоны при комнатной температуре составляет около (0.37-0.41) эВ. Кроме того, запрещенная зона сульфида свинца, в различии всех других полупроводников показывает отрицательный температурный коэффициент [5]. Тонкие пленки PbS могут быть получены несколькими методами [6,7]. В большинстве случаев используется химическое осаждение из раствора [6,8], так как он является очень удобным методом для получения поликристаллических пленок, при низкой стоимости с хорошим качеством полученных пленок [9]. Кроме того, при получении тонких пленок PbS в условиях одновременного осаждения с CdS, в зависимости от сочетания сопроцента состава PbS, могут быть получены совершенно с новыми свойствами полупроводниковые материалы [10,11].

II. ЭКСПЕРИМЕНТАЛЬНЫЕ МЕТОДЫ

Для получения тонких пленок PbS методом химического осаждения использованный раствор был изготовлен из следующих реагентов взятых в равных количествах (по объемному размеру): ацетат свинца Pb $(CH_3COO)_2$ - 0,07 М; гидроксид натрия (NaOH) -0,3 М; триэтаноламин N $(CH_2CH_2OH)_3$ -0,06 М; тиомочевина $(NH_2)_2CS$ - 0,17М. Процесс химического осаждения, проведен внутри 60 миллилитровом лабораторном стакане при 40^0 C. Раствор, из которого образуется тонкие пленки PbS был шоколадного цвета. В раствор заранее помещали в вертикальном положение стеклянную подложку с размерами (38мм 26мм 1мм) и в течение всего процесса раствор смешивали магнитной мешалкой. Через 20 минут стекло удаляется из раствора, промывают дистиллированной водой и сушат. После этого процесса на стеклянной подложке была получена хорошо осажденный на стекло, однородный, темно-коричневого цвета тонкая пленка PbS и шоколадного цвета порошок сульфида свинца. После полного осаждения, порошок PbS освобождаются из раствора, очищается с помощью деионизированной водой, фильтруют и затем сушат, оставляя порошок в открытой атмосфере при комнатной температуре. Затем полученный порошок, подвергается термической обработке при 300^0С в течение 2 часов в открытом воздухе.

Порошкообразные образцы PbS были получены в таблетке KBr, Фурье инфракрасные спектры (FTİR) исследовались в диапазоне 400 - 4000 см$^{-1}$ с использованием "Nicolet İS 10" спектрофотометра.

Кристаллическая структура тонких пленок PbS была проанализирована в рентгеновском дифрактометре "D-8 ADVANCE" с CuK (1,54 A), при 2θ диапазоне от 20 до 70°.

III. РЕЗУЛЬТАТЫ И ИХ ОБСУЖДЕНИЕ

На рисунке 1 показан результаты рентгено – дифрактометрического анализа сульфида свинца.

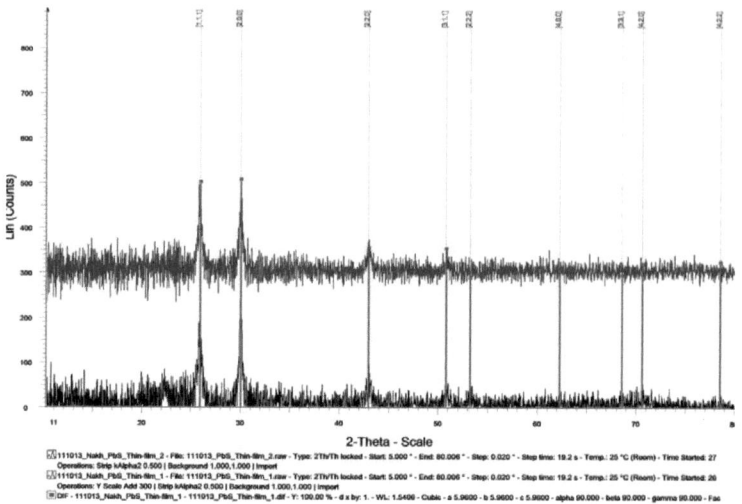

Рисунок 1. Рентгено - дифрактометрические спектры тонкой пленки   PbS
полученный химическим осаждением.

Как видно из рисунка на образцах тонких пленок PbS полученный
химическим   осаждением   по   результатом   рентгено   –
дифрактометрических анализа расположение и интенсивности всех
дифракционных пиков полностью совпадает всеми рентгеновскими
стандартами. На рисунке 2 показан спектры поглошения порошка PbS
осажденного из раствора методом химического осаждения до и после
термической обработки выполняемой при 300 ^{0}С в течение двух часов.

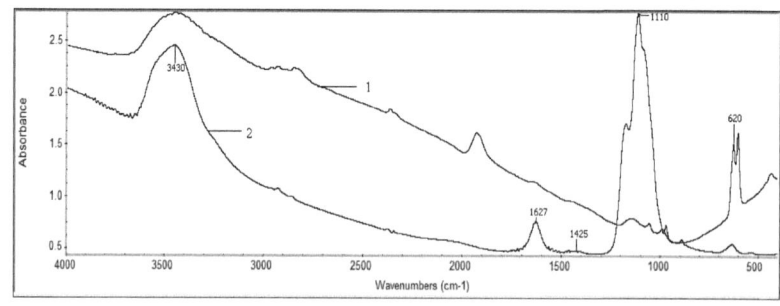

Рисунок 2. Спектры поглошения порошка PbS осажденного из раствора
методом химического осаждения до и после отжига.

Как известно, в инфракрасной области спектра ряд функциональных групп приводит к появлению некоторых пиков в спектре поглощения. На рисунке 2 выявленный в области высоких энергий широкий пик наблюдаемый при 3430 см$^{-1}$, подходить водопоглощению тонким слоем PbS группы O-H,   причем факт поглощения воды поверхностью подтверждается существованием пика 1627 см$^{-1}$ этой группы. Слабый пик наблюдаемый при 1425 см$^{-1}$ подходить колебанию, используемый в процессе метанола CH$_3$. Этот факт подтверждается также существованием пика   касающим колебаниям метанола CH$_3$ при немного меньшего значение 3000 см$^{-1}$. Колебания C-O обеспечивает интенсивный пик 1110 см$^{-1}$. Колебания C-H приводить к появлению пика 620 см$^{-1}$.

Из фонов этих пиков после выделения поглощения которые характерны только для соединение PbS, был построен зависимости $a(hv)$ порошка сульфида свинца до и после термической обработки.

Спектр поглощения порошка сульфида свинца PbS был выделен из фонов пиков множества функциональных групп, которые характерны для инфракрасной области. (рисунок 3).

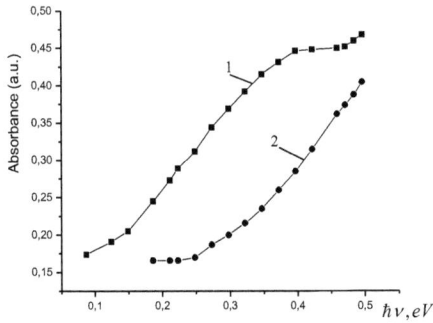

Рисунок 3. Оптические спектры поглощения порошка PbS до (1) и после (2) отжига.

Как известно для вычисления ширину запрещенной зоны полупроводника используется формула Тауца [12]:

$$\left(\alpha\hbar v\right)^{\frac{1}{n}} = A\left(\hbar v - E_g\right)$$

где A- постоянная числа, E_g - ширина запрещенной зоны полупроводника, $\hbar v$ - энергия фотона, а n- в зависимости от типа перехода может получить четыре различных значение. Так как, для разрешенного прямого перехода $n=\frac{1}{2}$, для разрешенного непрямого перехода $n=2$, для запрещенного прямого перехода $n=\frac{3}{2}$, для запрещенного непрямого перехода $n=3$ [11]. Для этого соединения выполняется соотношения $n=\frac{1}{2}$, так как PbS является прямозонным полупроводником [13]. Для определения возможных оптических переходов построен график $(ahv)^2$ от (hv) и соответствующее значение запрещенной зоны был определен по пересечению прямой части зависимости с осью (hv) [11].

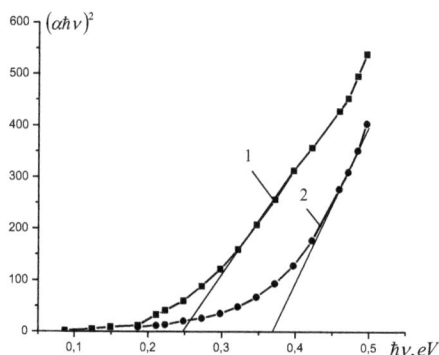

Рисунок 4. Зависимости $(ahv)^2$ от (hv) порошка PbS до (1), и после (2) отжига.

Такие изменения ширины запрещенной зоны термообработанного порошка PbS, показывают, что термическая обработка играет важную роль в формировании структуры соединения.

IV. ВЫВОДЫ

Исследован спектр поглощения порошка PbS полученного в виде осадка из раствора при получении тонких пленок методом химического осаждения до и после термической обработки выполняемой при 300 ^{0}C в течение двух часов. Спектр поглощения порошка PbS выделен из фоновых пиков множеств функциональных групп, которые характерны для инфракрасной области. Ширина запрещенной зоны порошка после термообработки была $E_g = 0{,}37\ eV$.

СПИСОК ЛИТЕРАТУРЫ

[1] A.M. Malyarevich, V.G. Savitski, P.V. Prokoshin, N.N. Posnov .... Zakharevich , "Formation and characterization of the non- crystalline lanthanoid(III)", J. Non-Crystalline Solids, Vol. 353, pp. 1195–1200, 2007.

[2] T. K. Chaudhuri, "A solar thermophotovoltaic converter using PbS photovoltaic cells", Int. J. Energy   Res. 16(6), pp. 481–487, 1992.

[3] S. Gunes et al., "Hybrid solar cells using PbS nanoparticles" Solar Energy Mater. Solar Cells,   Vol. 91, Page(s) 420-423, 2007.

[4] R K Das, S Sahoo, G S Tripathi, "Electronic structure of high density carrier states in PbS, PbSe and PbTe",   Semiconductor Science and Technology , vol. 19, no. 3, pp. 433-441, 2004.

[5] Ileana Pop et.al " Structural and optical properties of PbS thin films", Thin Solid Films, vol. 307, no. 1-2, pp. 240–244, 1997.

[6] A.B. Preobrajenski e T. Chasse, "Epitaxial growth and interface structure of PbS on InP(110) ", Appl. Surf. S, 142(1-4), pp. 394- 399, 1999.

[7] Orozco-Terán, R.A. Sotelo-Lerma, M.et al. "Pbs-Cds bilayers prepared by the chemical bath deposition technique at different reaction temperatures", Thin Solid Films vol. 343-344, pp. 587-590. 1999.

[8] R K Das, S Sahoo, G S Tripathi, "Electronic structure of high density carrier states in PbS, PbSe and PbTe", Semicond. Sci. Technol. vol. 19, no. 3, pp. 433-441, 2004.

[9] M. Gugliemi et al., "Effects of Deposition Parameters on Chemically Deposited", J. Sol-Gel Sci. Technol., 11, 229,1997 .

[10] E. Pentia, V. Draghici, G. Sarau, B. Mereu, L. Pintilie, F. Sava, and M. Popescu "Structural, Electrical, and Photoelectrical Properties of Cd xPb1 − x S Thin Films Prepared by Chemical Bath Deposition" J. Electrochem. Soc. 151(11): G729-G733; doi:10.1149/1.1800673, 2004.

[11] P. P. Hankare, V. M. Bhuse, K. M. Garadkar, S D Delekar and P R Bhagat. "CdHgSe thin films: preparation, characterization and optoelectronic studies"
Semicond. Sci. Technol., 277. Vol. 19, pp.277–284, 2004

[12] J.Tauc (Ed.), Amorphous and Liquid Semiconductors, Plenum Press, New York, 159 (1974).

[13] J.I.Pankove, Optical Process in Semiconductors, New Jersey, USA 34 1971.

[14] J.J. Valenzuela-Jauregui, R. Ramrez-Bon, A. Mendoza-Galvan, and M. Sotelo-Lerma. "Optical properties of PbS thin films chemically deposited at different temperatures", Thin Solid Films, 441, pp. 104-110, 2003.

Выводы

Для формирования на поверхности стеклянной подложки фоточувствительного слоя сульфида свинца использован метод химического осаждения. Впервые для получения тонких пленок PbS из химического осаждение использованный раствор был изготовлен из следующих реагентов взятых одиноких количеств (по объемному размеру): ацетат свинца, Pb $(CH_3 COO)_2$ - 0,07 M; гидроксида натрия (NaOH) -0,3 M; триэтаноламин N $(CH_2CH_2OH)_3$ -0,06 M; тиомочевина$(NH_2)_2CS$ - 0, 17 M.

В процессе исследования спектра поглощения полученный над стеклянной подложке тонкой пленки PbS были использованы две конкретные подходы. Во-первых, в инфракрасной области спектра из фонах стеклянной подложку, невозможно отдельять спектра поглощения тонких пленок PbS. Поэтому исследовали спектр поглощения материала тонкой пленки (тонкая пыль PbS). Во вторых спектр поглощения относящийся к PbS был выделен из фона пиков множества функциональных групп, которые характерны для инфракрасной области.

Был определен оптимальный режим осаждения и механизм реакции получения тонкой пленки. Установлено новая кубическая фаза в нанопленке в отличие от крупнокристаллической кубической структуры. Измерены толщина и некоторые значение диэлектрических функции образцов PbS по эллипсометрическим методам,

Для изучения оптических свойств тонкой пленки PbS на стеклянных подложках был использован инфракрасный спектрофотометр "Nikolet İS -10" и определена спектр поглощения в области инфракрасного спектра тонкой пленки PbS существующий на фоне пиков функциональных групп. Из фонах этих пиков после идентификации поглощение относящий только для тонкой пленки PbS были построены зависимости $\alpha(\hbar\nu)$. Для вычисления ширину запрещенной зоны полупроводника использовалась формула Тауца.

В результате исследований определены толщина пленок и ε_1 и ε_2 – диэлектрические константы. Общая толщина тонких пленок было в порядке 112,1 нм (толщина пленки - 87,7 нм + шероховатость - 14, 4 нм).

Методами физико-химического анализа (ДТА, РФА, МСА а также определением плотности и измерением микротвердости) исследованы физико-химические свойства сплавов системы $(PbS)_{1-x}(La)_x$ и построена диаграмма состояния. Установлено, что в системе $(PbS)_{1-x}(La)_x$ на основе PbS растворяется 5 мол.% La. В системе $(PbS)_{1-x}(La)_x$ образуется эвтектика доля La в которой составляет 60 ат.% при температуре плавления $740^{o}C$.

Для сплав из области твердых растворов проводились рентгенофазовый анализ и рассчитаны параметры решетки. Установлено, что сплавы, образующие твердые растворы на основе PbS кристаллизуются в структуре кубической сингонии.

В сборнике также охарактеризованы полезные ископаемые Нахчыванской Автономной Республики расположенный на юго-западе Азербайджанской Республики. Так как минеральные ресурсы Автономной Республики разнообразно и достаточно перспективны. В этот ряд относится минералы который содержит такие элементы как Au, Cu, Zn, Mo, Sb, Sn, Pb, S и т. д. Минерально - сырьевой базы Автономной Республики включает в себя 41 разных промышленных ресурсов полезных ископаемых.

Ахмедов Орудж Рагим оглы

Я родился 5 марта 1971 года в городе Нахчыване Нахчыванской Автономной Республики Азербайджанской Республики. В 1995 году закончил Нахчыванский Государственный Университет. С 2000 году работаю научным работником Нахчыванского Отделения НАН Азербайджана. В 2004 году стал диссертантом Института Физики Национальной Академии наук Азербайджана по теме «Получение монокристаллов и тонких пленок полупроводниковых соединений PbS, исследований рентгноструктурных и оптических свойства по эллипсометрическим методам». Участвовал в Международных Научных Конференциях по Физике 2012, 2013, 2014 году и получал сертификаты конференции. Являюсь автором более 60 научных статей. Научные труды опубликовались в Норвегии, Российской Федерации и в Азербайджане,

E mail: orucahmedov@mail.ru

Printed by Books on Demand GmbH, Norderstedt / Germany